Marie-Louise Victoria Heiling

Exkursionsprotokoll Nationalpark Eifel

GRIN Verlag

Bibliografische Information der Deutschen Nationalbibliothek:

Die Deutsche Bibliothek verzeichnet diese Publikation in der Deutschen Nationalbibliografie; detaillierte bibliografische Daten sind im Internet über http://dnb.d-nb.de/ abrufbar.

Impressum:

Druck und Bindung: Books on Demand GmbH, Norderstedt Germany
ISBN: 978-3-656-70300-6

Dieses Buch bei GRIN:

http://www.grin.com/de/e-book/40082/exkursionsprotokoll-nationalpark-eifel

Universität zu Köln
Seminar für Biologie und ihre Didaktik

SS 2005
Exkursionsprotokoll

Tagesexkursion Nationalpark Eifel

28.05.2005

(Quelle:http://www.presseservice.nrw.de/01_textdienst/11_pm/2004/q1/20040112_02.html)

M.-L. Victoria Heiling

Sek 1 Biologie/ Geographie
5. Semester

Inhaltsverzeichnis:

1.Einleitung

Der im Jahr 2004 gegründete Nationalpark Eifel liegt zwischen Nideggen im Nordosten und der deutsch-belgischen Grenze im Südwesten, etwa 60 km südwestlich von Köln.

Der Nationalpark Eifel ist der 14. Nationalpark Deutschlands und erstreckt sich auf einer Fläche von 11.000 Hektar, jedoch gehören ca. 3.500 Hektar zu dem Truppenübungsplatz der Ordensburg Vogelsang, die während der NS-Zeit in der Nordeifel errichtet wurde. Gegenwärtig wird der Truppenübungsplatz noch vom Militär genutzt, doch ab 01.01.2006 wird dieses Gebiet verlassen und für die Öffentlichkeit freigegeben. Es gibt schon Ideen für die Nutzung dieses monumentalen Bauwerks, die Burg soll in der Zukunft zur Aufklärung Kinder und Jugendlicher, in Form einer Ausstellung und Seminaren, dienen.

Die Besucher des Nationalparks können bis zur Freigabe des Truppenübungsplatzes nur am Wochenende sich auf den ausgewiesenen Wegen aufhalten, ab 2006 kann dann das gesamte Gebiet an jedem Wochentag erkundet werden.

2. Entstehungsgeschichte Nationalpark

Im Jahre 1872 wurde der 1. Nationalpark in den USA im Yellowstone-Gebiet ausgewiesen. Hier wurde die Idee des Naturschutzes, in Form der Bezeichnung „Nationalpark", geboren.

Heute gibt es mehr als 2000 Nationalparke in mehr als 120 Ländern. In einem Nationalpark wird auf einen Leitspruch und Grundsatz „ Natur Natur sein lassen" viel Wert gelegt. Sie stehen für ein Symbol von intakter Natur ohne eingreifen des Menschen. Hier wird der Natur Platz zum Entfalten gegeben und die restlichen Naturlandschaften bewahren.

In Deutschland gibt 15. Nationalparke (die auf der unten auf der Deutschlandkarte eingezeichnet sind), 14 Biosphärenreservate und über 30 Naturparke.

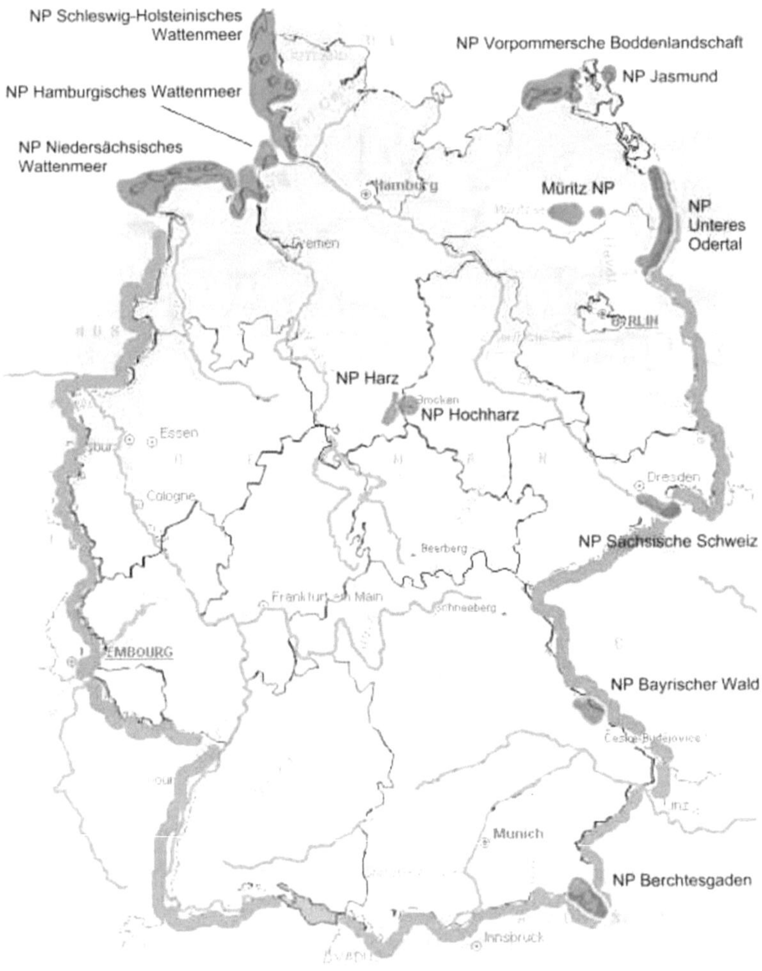

(Quelle: http://www.fh-eberswalde.de/nationalparks)

3. Standorte 1: Treffpunkt „Paulushof“

An dem Treffpunkt „Paulushof“ wurden wir von einem der Ranger des Nationalparks begrüßt.

3.1 Berufsbild Ranger

(Quelle: http://www.bundesverband-naturwacht.de/)

Im Nationalpark Eifel werden 17 Ranger beschäftigt. Die Berufsbezeichnung Ranger erhielt erstmalig **Harry Yount** (1837-1924), der erste Ranger im 1872 gegründeten 1. Nationalpark, dem Yellowstone National Park.

Um den Beruf eines Rangers aufnehmen zu können, muss man aus einem „grünen“ Beruf stammen. Dazu gehören die Ausbildungsberufe der Land-, Forst- und Wasserwirtschaft, aber auch Handwerkliche, kaufmännische, soziale und erzieherische Berufe sind zugelassen.

Durch eine 640-stündige Fortbildung erhält man die seit 14.03.1998 staatlich Anerkannte Berufsbezeichnung zum/r „geprüften Natur- und Landschaftspflegern“. Die Kosten der Fortbildung werden vom Land getragen. Dort erlernen die angehenden Ranger, neben wirtschaftlichen, rechtlichen und technischen Fertigkeiten auch eine pädagogische Schulung.

Die Aufgabenbereiche des Rangers sind sehr vielfältig:

- Aufklärungs- und Öffentlichkeitsarbeit

Dies betrifft die Informationsweitergabe oder Leitung von Vorträgen und Info-Ständen.

- Besucherbetreuung

Durchführung von Führungen, Exkursionen und naturkundliche Schul- und Bildungsprogrammen.

-Pflege- Reparaturarbeiten

Dazu gehört die Bepflanzung, die Wiesenpflege, Artenschutzmaßnahmen und der Hecken und Baumschnitt. Aber auch die Kontrolle der Besuchereinrichtungen, sowie der Gefahrensicherung, Abfallbeseitigung und die Wartung der Maschinen und Geräte.

-Wissenschaftliche Untersuchungen

Unterstützung von Forschungsprojekten und Monitorring-Programmen für Tier- und Pflanzenarten.

- Überwachung und Schutz

Unterstützung von Polizei, Feuerwehr und Behürden, Kontrolle der Einhaltung von Schutzbestimmungen

3.2 Hischley-Route

Die Hirschley-Route ist eine von 3 Routen im Nationalpark Eifel und beginnt am Parkplatz Paulushof. Sie ist eine dreistündige Führung und führt vorbei an Buchenwäldern, historischen Köhlerplätzen und dem Ausblick auf den Rursee.

3.3 Verhalten im Nationalpark

Um „Natur Natur sein lassen" zu können, muss es natürlich auch Verhaltenregeln für die Besucher des Nationalparks geben.

1) Benutzen Sie die ausgewiesenen Rad- und markierten Wanderwege und führen Sie Ihren Hund an der Leine.
2) Verzichten Sie in der freien Natur auf das Rauchen und Feuer machen.
3) Nehmen Sie Ihre Abfälle wieder mit.
4) Zelten und Übernachten in der freien Landschaft sind nicht gestattet.

4.Standort 2: Buchenwald

Die Buchenwälder gelten als Besonderheit des Nationalparks Eifel, die auf saurem Boden wachsen. Durch Bodenuntersuchungen wurde das Vorkommen der Rotbuche auf 95% eingeschätzt, sie ist in Mitteleuropa stark verbreitet. Die

Rotbuchen würden den größten Teil der Walflächen einnehmen, wenn nicht früher Fichten angepflanzt worden wären. Um den jungen Rotbuchen Schutz und Schatten zu geben, wurden hier Fichten und die Nordamerikanische Douglasie angepflanzt.

Der Wald besteht zur Zeit etwa aus 50% Laubholz und 50% Nadelholz, daher soll der Wald seine ursprüngliche Gestalt zurückerhalten. Aus diesem Grund werden die Fichten und Douglasien in den nächsten 30 Jahren, um auch die Übersäuerung des Bodens zu vermeiden, abgeholzt. Denn die Internationalen Bestimmungen besagen, das 30 Jahre nach Einrichtung eines Nationalparks mindestens 75% der gesamten Fläche sich selbst überlassen werden muss.

Gerade für viele Tierarten suchen den Schutz in den Buchen und nutzen die Blätter und Früchte des Baumes.

Auch für uns Menschen sind Buchenwälder ein guter Sauerstofflieferant, an einem Tag produziert ein Baum ca. 7.000 Liter O^2 , dies deckt den Tagesbedarf von ca. 50 Menschen.

4.1 Douglasien: Pseudotsuga menziesii

Familie: Pinaceae

Die Douglasien war in der letzten Eiszeit auch in Europa heimisch, starb jedoch aus. Überlebt hat sie im Westen von Nordamerika, wo sie heute heimisch ist. Sie wird bis zu 70 m hoch und hat tannenähnliche Nadeln. Ihren Namen bekam sie von dem Botaniker David Douglas, der sie in Europa einführte. Ihr Lebensraum ist in Luftfeuchten, regenreichen Lagen und bevorzugt feuchte Böden.

(Quelle:http://www.doll-marl.de/pseudotsuga.htm)

5. Standort 3: Burg Vogelsang

Die Burg Vogelsang steht auf einem Sockel hoch über dem Tal des Urftsees. Momentan befindet sie sich noch in Belgischen Militärbesitz. Früher war die

(Quelle: http://www.kreis-euskirchen.de/aktuell/konv/konversi.htm)

Ordensburg eine von insgesamt drei nationalsozialistischen Kaderschmieden. Dort wurden bis zum Kriegsbeginn ca. 2000 junge Männer zur Führungselite ausgebildet. Hier wurden die Soldaten in rasseideologischen und rassephilosophischen geschult. Wie schon in der Einleitung angeschnitten wurde, wird das Militärgebiet 2006 der Öffentlichkeit freigegeben und Politiker machen sich über die weiter Nutzung der Burg Vogelsang Gedanken. So entstand die „Machbarkeitsstudie und Entwicklungskonzept für die zivile Folgenutzung des Truppenübungsplatzes Vogelsang", bei er mehrere Möglichkeiten der

(Quelle: http://www.kreis-euskirchen.de/aktuell/konv/konversi.htm)

Burgnutzung in Betracht gezogen werde. Bei der Machbarkeitsstudie handelt es sich nicht um ein abgeschlossenes Nutzungskonzept. Es wurden die Nutzungskonzepte des Fördervereins Nationalpark Eifel, der Kirche und anderer Interessengruppen Teilweise berücksichtigt.

6. Standort 4: Rheinisches Schiefergebirge

Das Gebiet des Nationalparks Eifel wurde im Devon gebildet. Vor 400 Mio. Jahren im Unterdevon wurde das devonische Gestein zweimal gefaltet. Die

Variskische Faltung war die erste Faltung, doch diese Gesteine sind größtenteils abgetragen worden. Eine 5-6m Gesteinsschicht ist jedoch auch heute noch vorhanden. Die Alpidische Faltung war die zweite Faltung dieses Gebietes. Durch die erste Faltung, kann das Gebiet nicht noch einmal gefaltet weder und bricht. Es bilden sich Horste und Gräben. Die Niederrheinische Bucht senkte sich ab und die Ruhr konnte sich in das Gestein einschneiden.

7. Standort 5: Urfttalsperre

Die Urfttalsperre gehört zu den ältesten Talsperren Deutschlands und ist die Älteste der Eifel. Und befindet sich mitten im Nationalpark Eifel. Sie wurde im Jahre 1900 – 1905 nach den Plänen von Prof. Intze errichtet. Bei er Inbetriebnahme der Talsperre, war sie die größte Talsperre

(Quelle:http://www.foerderverein-nationalpark.de/pages/aktuelles/Aktuelles-2004/Newsletter_02-2004.pdf)

Europas. Die Mauer der Urtftalsperre ist 58 m hoch. Das Mauerwerk besteht aus örtlich gewonnener Grauwacke und Tonschiefer, sie wurde auf gewachsenem Fels gegründet. Heute hat die Urftalsperre ein Fassungsvermögen von 45,51 Mio. Kubikliter.

8. Standort 6: Wildregulierung

Die Wildregulierung auch Schalenwildmonitorring genannt, wird 10-12 Wochen in Jahr beschränkt. Meist von Oktober- November kommen die besten Jäger der Region, um bei der Treib- und Rückjagd, Rotwild zu schießen. Da die Tiere keine natürlichen Feinde besitzen, muss auch hier der Feind durch den

Menschen ersetzt werden. Es gibt keine Trophäen Jagd mehr und würde seitens der Nationalparkverordnungen nicht geduldet werden. Es wird fortlaufend der Wildbestand ermittelt und wie er sich entwickeln könnte berechnet. So kann auch der Buchenbestand besser geschützt werden. So ist es möglich, dass man auf der Wanderrute einen Hochsitz sieht. Doch nicht alle sind noch in Betrieb. Viele von Ihnen, bei denen die letzten zwei Sprossen abgeschlagen sind, haben sich Federmäuse häuslich niedergelassen.

9. Standort 7: Aussichtspunkt Hirschley

An diesem Aussichtspunkt kann man einem Panoramablick über Urft- und Rursee und über große Teile des Nationalparks genießen.

9.1 Rurstausee

Er ist der zweit größte Stausee Deutschlands, mit 180 Mio. Kubikliter Wasser des Sees wird als Freizeitsee genutzt. An ausgewiesenen Stellen darf gebadete, geangelt, gesegelt und gesurft werden. Der andere Teil ca. 20 Mio. Kubikliter Wasser wird als Trinkwasserreservoir genutzt. In diesem Teil darf nur geangelt werden.

10. Standort 8: Meilerplatz

Im Kermeter sind mehrere Bodenvertiefungen von Kohlemeilern zu finden. In einen einem Abstand von ca.2,5 ha ist ein ehemaliger Meilerplatz zu finden. Bis 1950 wurde hier Holzkohle hergestellt, in diesen Vertiefungen kokelte der Köhler 10-12 Tage das gefällte Holz zu Kohle. Das im Meiler schwelende Holz verbraucht Sauerstoff und

(Quelle:http://www.kompetenznetz-holz.de/kompetenz/faq/index.php?inhalt=holzbestandteile.html)

der Zutritt von Außenluft wird durch die feuchte Lösche behindert. So entsteht ein Sauerstoffmangel im Meiler und das Holz verschwelt weiter ohne zu Asche zu verbrennen.

11. Standort 9: Hordengatter

Hordengatter werden vom Forstamt zum Schutz vor Wildverbiss errichtet. So können die jungen Buchen in Ruhe wachsen, denn das aus unbehandeltem Holz gefertigte Gatter fällt nach ca. 10 Jahren zusammen und verrottet. Die Natur soll behutsam zurück in den alten Zustand des Buchen-Urwald unterstützt werden.

(Quelle: http://www.schleiden.de/schleiden/nationalpark/buchen_urwald.htm)

12. Standort 10: Walderlebniszentrum Gemünd

Im Walerlebniszentrum werden Führungen im Wald angeboten, bei dieser Führung wird den Teilnehmern ein vielfältiger Einblick in die Natur gegeben. Oft wir die Führung von Schulklassen in Anspruch genommen. Hier sollen die Kinder mit allen Sinnen den Wald und die Natur kennen lernen. Die Mitarbeiterin, die uns an diesem Tag als „Schulklasse“ führte, nannte uns Ihr Motto: „mit Hand, Herz und Verstand lernen“.

Bevor Sie jedoch mit den Kindern in den Wald geht werden noch die Veraltensreglehn für diese Führung genannt. Und die Kinder müssen versprechen, die Regeln zu beachten. Es wird also ein Vertrag geschlossen!

Die Indianerregel

1) Tötet kein Tier
2) Man hat Respekt vor der Natur
3) Pflanzen werden nicht herausgerissen

Die Pfadfinderregel

1) Wir bleiben zusammen
2) Wir besitzen Teamgeist

Die Rücksichtsregel

1) Wer spricht, spricht zum nächsten und nicht über die Köpfe der anderen.
2) Wir lassen erst ausreden, bevor wir sprechen.

Wenn alle Kinder zugestimmt haben, kann man mit der Führung beginnen. Kinder können im Wald in Gruppen alleine gehen, jedoch müssen in einem Abstand con ca. 200m immer wieder Treffpunkte ausgemacht werden. So kann die Selbstständigkeit der Kinder gefördert werden und Motiviert die Kinder. Es sollte auch beachtet werde, dass der Weg zum Treffpunkt mit einer Aufgabe verbunden wird, z.B.

- am nächsten Treffpunkt muss jeder ein Waldtier nennen
- sucht verschiedene Gegenstände des Waldes (Boden, Früchte,...)
- seht euch mit Hilfe der Lupe verschieden Insekten des Weges an.

Damit auch andere Pärchen der Schüler gebildet werden, als befreundet sind, kann man ein Feensäckchen benutzen. Dies ist ein Beutel mit verschiedenen Sachen des Waldes, z.B. Kastanien, Eicheln, Hagebutten. Alle Schüler müssen eine Sache aus dem Beutel ziehen, alle Hagebutten bilden dann ein Team.

An jedem Treffpunkt können auch kleiner Spiele gespielt werden, wie z.B.

- Meisenpärchen

Bei diesem Spiel werden von den Meisenpärchen so viele Tannenzapfen wie möglich gesammelt. Es darf jedoch nur eine Hand (Schnabel) benutzt werden und einer muss immer das Nest bewachen. Auch in dem Meisenleben gibt es natürlich Räuber, also müssen die Schüler auch das Nest beschützen.

- Tiere orientieren sich an Geräuschen

Wieder finden sich die Meisenpärchen zusammen. Sie müssen sich 2 Gegenstände des Waldes suchen und damit einen Geräuschcode festlegen, an dem sie sich blind orientieren können. Einem Schüler werden die Augen verbunden und sein Partner läuft mit dem Geräuschcode vor ihm her und leitet ihn.

http://www.doll-marl.de/ps.tsuga1.htm

Literaturverzeichnis:

Der Freizeitführer rund um den Nationalpark

Förderverein Nationalpark Eifel e.V. (2004): Vogelsang

Nationalparkforstamt Eifel: Auf einen Blick, Schleiden – Gemünd, 1. Auflage

Nationalparkforstamt Eifel: Verordnungen, Schleiden – Gemünd, 1. Auflage

Internetverzeichnis:

1. http://www.bundesverband-naturwacht.de/
2. http://www.bundesverband-naturwacht.de/vortrag_hein.htm
3. http://www.br-online.de/wissen-bildung/collegeradio/medien/arbeitslehre/ranger/
4. http://www.wattenmeer-nationalpark.de/archiv/euro_germ.pdf
5. http://www.fh-eberswalde.de/nationalparks/
6. http://www.doll-marl.de/pseudotsuga.htm
7. http://www.baumkunde.de/baumdetails.php?baumID=0101
8. http://www.kompetenznetz-holz.de/kompetenz/faq/index.php?inhalt=holzbestandteile.html
9. http://www.kreis-euskirchen.de/aktuell/konv/konversi.htm